Vincent Albouy

Schmetterlinge

Aus dem Französischen von
Cornelia Panzacchi

cbj

Inhalt

Braunauge

Schwalbenschwanz

Dreieckiger Umriss in Ruhestellung 41

Blaues Ochsenband

Untypische Umrisse 55

Hummelschwärmer

Kupferglucke

Register 62

Gebrauchsanweisung für dieses Buch

Um Schmetterlinge ganz aus der Nähe zu sehen, kann man sie mit einem Schmetterlingsnetz oder einem großen Glas einfangen – oder auch ganz in Ruhe beobachten, wenn sie sich auf einer Pflanze oder dem Boden niederlassen.

In diesem Naturführer sind die Schmetterlinge nach ihrer Form eingeteilt. Mithilfe des Bestimmungsschlüssels (S. 6) findest du schnell heraus, in welchem Kapitel du nachschlagen musst.

Schwierige wissenschaftliche Namen

Die häufig aus lateinischen und griechischen Wörtern zusammengesetzten wissenschaftlichen Namen klingen kompliziert. Sie sind aber wichtig, denn sie lauten in allen Ländern gleich und erleichtern die Verständigung zwischen Forschern.

Bitte nicht anfassen!

Berühre Schmetterlinge niemals, denn an deinen Fingern würden sonst die feinen Schuppen kleben bleiben, die ihre Flügel vor Wasser schützen. Beim nächsten Regen hätten sie dann Schwierigkeiten zu fliegen und würden zu einer leichten Beute für ihre Fressfeinde werden.

Beobachtungszeitraum

Die Angaben hier berücksichtigen regionale Unterschiede: Dieselbe Art zeigt sich im Flachland früher als in den Bergen und in Gegenden mit mildem Klima früher als dort, wo das Klima kühler und rauer ist. Auch das Wetter spielt eine wichtige Rolle. Deshalb kann eine Art einige Wochen früher oder später auftreten als im Vorjahr.

Bei jeder Art findest du ...

Bauplan der Schmetterlinge

Alle Schmetterlinge haben vier mit bunten Schuppen bedeckte Flügel, am Kopf zwei Fühler und einen langen Hinterleib. Die Flügel und die sechs Beine sind an der Brust angewachsen.

Der Lebenszyklus des Schmetterlings

Schmetterlinge zählen zu den höheren Insekten, deren Leben in vier deutlich unterscheidbare Entwicklungsstadien zerfällt.

Ei

Das Leben eines Schmetterlings beginnt in einem Ei. Dessen Hülle umgibt eine Nahrungsreserve. Manchmal hat das Ei eine »Sollbruchstelle«, die das Schlüpfen der Raupe erleichtert.

Raupe

Die Raupe kennt nur eine Beschäftigung: fressen! Und sie hat nur ein Ziel: wachsen und dicker werden! Sie ist kaum mehr als ein wandelnder Verdauungsapparat. Sie wächst schubweise und häutet sich, wenn es ihr in der alten Haut zu eng geworden ist.

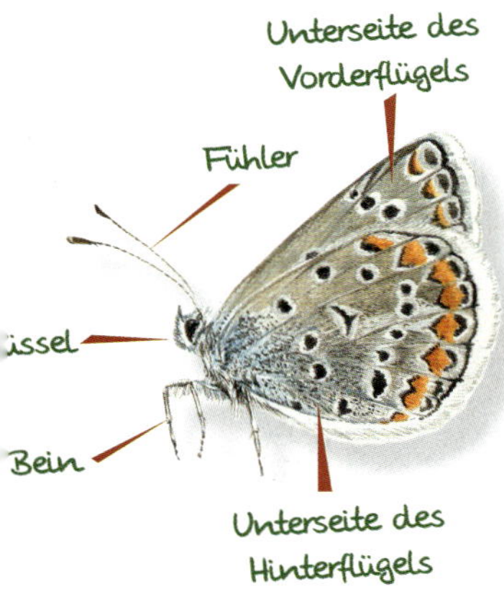

Puppe

Wenn ihre Entwicklung abgeschlossen ist, sucht sich die Raupe einen ruhigen Ort für ihre Metamorphose (Verwandlung). Dort verwandelt sie sich in eine Puppe, die längere Zeit unbeweglich an ihrem Platz bleibt. Häufig umgibt sie sich mit einem Seidenkokon.

Erwachsener

Der Schmetterling schlüpft mit weichem Körper und zerknitterten Flügeln aus der Puppe. Er entfaltet die Flügel, indem er in ihre Adern Blut pumpt, bevor sie wie der übrige Körper hart werden. Das Leben als Schmetterling dauert bei manchen Arten einige Wochen, bei anderen mehrere Monate. Bei den meisten Arten gibt es im Jahr nur eine Generation, bei einigen auch zwei oder mehr.

Bestimmungsschlüssel

Wenn du einen Schmetterling siehst, schau dir seine Gestalt und die Form seiner Flügel genauer an und gehe dann die Fragen auf dieser Seite durch. Sie helfen dir, das Kapitel zu finden, in dem er beschrieben wird.

Frage 1

Hat der Schmetterling am Ende des Hinterflügels mindestens einen Zipfel?
Ja: siehe Kapitel »Hinterflügel mit Zipfel« (S. 31).
Nein: Gehe zu Frage 2.

Frage 2

Sind bei dem Schmetterling in Ruhestellung vier Flügel sichtbar?
Ja: Gehe zu Frage 3.
Nein: Gehe zu Frage 4.

Frage 3

Hat der Umriss insgesamt eher die Form eines Trapezes oder eines Dreiecks?
Trapezform: siehe Kapitel »Vier sichtbare Flügel in Ruhestellung« (S. 7).

Dreieck: siehe Kapitel »Dreieckiger Umriss in Ruhestellung« (S. 41).

Weder das eine noch das andere: Sieh Kapitel »Untypische Umrisse« (S. 55)

Frage 4

Hat der Umriss insgesamt eher die Form eines Dreiecks?
Ja: siehe Kapitel »Dreieckiger Umriss in Ruhestellung« (S. 41).

Nein: siehe Kapitel »Untypische Umrisse« (S. 55).

Geschützte Arten

Manche Schmetterlingsarten sind so selten geworden, dass sie unter Naturschutz stehen. Es ist verboten, sie zu fangen, zu transportieren, zu kaufen oder verkaufen oder gar zu töten. Zu ihnen zählen bei uns unter anderem der Kleine Eisvogel (siehe S. 25), der Schwarze Bär (siehe S. 45) und alle Arten der Gelblinge (siehe S. 34) und der Glucken (siehe S. 61).

Vier sichtbare Flügel in Ruhestellung

- Hauhechel-Bläuling
- Tagpfauenauge
- Admiral
- Aurorafalter
- Postillion
- Kleiner Fuchs
- Distelfalter
- Landkärtchen
- Wegerich-Scheckenfalter
- Kleiner Perlmutterfalter
- Kaisermantel
- Waldbrettspiel
- Rotbraunes Ochsenauge
- Kleiner Heufalter
- Großes Ochsenauge
- Gelbbindiger Mohrenfalter
- Brombeer-Zipfelfalter
- Kleiner Eisvogel
- Kleiner Malven-Dickkopffalter
- Schachbrett
- Großer Kohlweißling
- Baumweißling
- Apollofalter

Hauhechel-Bläuling

Polyommatus icarus

Es gibt mehrere Dutzend Arten kleiner blauer Schmetterlinge, doch der Hauhechel-Bläuling (auch: Gemeiner Bläuling) ist am stärksten verbreitet. Nur das Männchen ist auffallend blau gefärbt. Das Weibchen erscheint eher bräunlich und ist dadurch gut getarnt.

- Familie: Bläulinge
- Unterfamilie: Polyommatinae
- tagaktiv
- Spannweite: 2,8 cm

Die im Frühjahr geborenen Weibchen weisen an den Flügelansätzen häufig blaue Stellen auf. Bei der Sommergeneration ist das seltener.

Zusammengefaltet

Die Unterseite der Flügel ist beim Männchen grau und blau marmoriert, beim Weibchen braunorange.

Flatternde Liebespaare

Die Paarung dauert verhältnismäßig lange. Du kannst die Paare währenddessen sogar bei der Nahrungssuche auf einer Blüte oder beim Sonnenbad auf einem Blatt beobachten.

J F M A M J J A S O N D

- Wiesen, Lichtungen, Brachland, Parks und Gärten
- Flachland und Berge

Tagpfauenauge

Inachis io

geschlossene Flügel

Mit seinen großen, metallisch glänzenden Augenflecken ist das Tagpfauenauge einer der farbenprächtigsten Schmetterlinge. Dabei sollen seine Flügel vor allem Angst machen: Die Flecken sehen wie die Augen eines Raubtiers aus und schrecken ihre Fressfeinde, die Vögel, ab.

- Familie: Edelfalter
- Unterfamilie: Fleckenfalter
- tagaktiv
- Spannweite: 5 cm

An außergewöhnlich milden Wintertagen wacht das Tagpfauenauge manchmal auf und fliegt umher.

Die Raupe

Sie lebt nur auf Brennnesseln. Ihre Oberseite ist mit Borsten besetzt, sodass Vögel sie nicht leicht schlucken können. Bis zur letzten Häutung bleiben die jungen Raupen unter einem gemeinsamen Seidengespinst zusammen.

Raupe

Wohin im Winter?

Die am Ende des Sommers geborenen Tagpfauenaugen überwintern in dichtem Efeu, in einem hohlen Baum oder in einer Felsspalte. Aber auch in einem Schuppen, einer Höhle oder einem unbeheizten Gebäude fühlen sie sich wohl.

J F M A M J J A S O N D

- Wiesen, Brachland, Wegränder, Gärten
- Flachland und Berge

Admiral

Vanessa atalanta

Im Spätsommer und Herbst lässt sich der Admiral häufig in den Gärten sehen. Er besucht die Blumen in den Beeten und den im September blühenden Efeu. Auch reifes Fallobst schmeckt ihm gut.

- Familie: Edelfalter
- Unterfamilie: Fleckenfalter
- tagaktiv
- Spannweite: 5 cm

Die Raupe

Sie rollt sich zum Schutz in ein Brennnesselblatt ein und frisst von dort aus. Es gibt helle und dunkle Formen.

Trinkfest

Der von faulendem Obst ausgehende Alkoholgeruch zieht den Admiral an. Mit dem Rüssel saugt er den süßen, aus den Früchten austretenden Saft auf. Da er sich oft weit von seinem Geburtsort entfernt, benötigt er zum Fliegen viel Energie. Auch zur Überwinterung muss er Nahrungsreserven anlegen.

J F M A M J J A S O N D

- Waldränder, Brachland, feuchte Wiesen
- Flachland und Berge

Aurorafalter

Anthocharis cardamines

Wenn es im Frühjahr von Blüte zu Blüte fliegt, ist das Männchen an den orangefarbenen Flecken auf seinen Flügeln leicht zu erkennen. Das Weibchen ist weiß mit unauffälligen schwarzen Flecken und Markierungen. Leicht verwechselt man es mit anderen Weißlingen.

Weibchen

An den orangefarbenen Flecken kann man Männchen von Weibchen und anderen Weißlingen unterscheiden.

Männchen

- Familie: Edelfalter
- Unterfamilie: Fleckenfalter
- tagaktiv
- Spannweite: 5 cm

geschlossene Flügel

Gar nicht dumm!

Die Raupe lebt auf verschiedenen Pflanzen aus der Familie der Kreuzblütler (Gartenschaumkraut, Knoblauchsrauke, Senf) und frisst deren längliche Früchte (Schoten). In Farbe und Form gleicht die Raupe diesen Schoten und ist deshalb hervorragend getarnt.

Raupe

Versetzter Zyklus

Im Flachland verschwinden die Schmetterlinge spätestens gegen Ende des Frühjahrs, in den Bergen dagegen treten sie erst ab Juni auf und fliegen bis in den August hinein.

J F M A M J J A S O N D

- Waldränder, Brachland, feuchte Wiesen
- Flachland und Berge bis in 2000 m Höhe

Postillion

Colias crocea

Weibchen

Der Postillion ist ein Wanderer und legt große Strecken zurück. Er lebt in Skandinavien ebenso gerne wie in den Alpen, pflanzt sich jedoch nur im Mittelmeerraum regelmäßig fort. Jedes Jahr gibt es zwei bis vier Generationen, deren wichtigste die Sommergeneration ist. Im Sommer beginnt auch sein Zug nach Norden.

- Familie: Weißlinge
- Unterfamilie: Gelblinge
- tagaktiv
- Spannweite: 4,5 cm

Männchen

Die Raupen

Während sich die Raupen im Frühjahr und Sommer innerhalb eines Monats entwickeln, bleibt denen im Herbst nicht genügend Zeit zum Wachsen. Sie fressen den ganzen Winter über, ohne größer zu werden, und schließen ihre Entwicklung im folgenden Frühjahr ab.

Raupe

Nicht verwechseln!

Bei der Goldenen Acht ist die Grundfarbe der Flügel Gelb und nicht Orangegelb. Ebenso wie der weibliche Postillion hat sie an den schwärzlichen Flügelspitzen gelbe Flecken.

Goldene Acht

J F M A M J J A S O N D

- Offene Landschaft, Dünen, Wiesen, Brachland, Böschungen
- Flachland und Berge

Kleiner Fuchs

Aglais urticae

Dieser früher sehr verbreitete hübsche Schmetterling ist heutzutage in manchen Gegenden selten geworden. Dies könnte an der Klimaerwärmung liegen, denn in den Bergen kommt er weiterhin häufig vor.

Betreten verboten!

In der Fortpflanzungszeit zeigt das Männchen häufig ein ausgeprägtes Revierverhalten. Es fliegt am Waldrand oder an einer Hecke entlang und verjagt alle männlichen Artgenossen, die sich zu nahe heranwagen.

- Familie: Edelfalter
- Unterfamilie: Fleckenfalter
- tagaktiv
- Spannweite: 4,5 cm

Die Raupen sind schwarz mit weißen Pünktchen und gelben Bändern. Sie leben nur auf Brennnesseln.

Raupen

Nicht verwechseln!

Kleiner und Großer Fuchs ähneln sich sehr. Doch der Große Fuchs ist größer und nicht so leuchtend bunt: Die Oberseite der Hinterflügel ist rotbraun und die blauen Flecken am Flügelsaum sind kleiner und nicht sehr zahlreich.

Großer Fuchs

J F M A M J J A S O N D

- Waldränder, Hecken, Wiesen, Brachland, Gärten
- Flachland und Berge

Distelfalter

Vanessa cardui

geschlossene Flügel

Dieser Schmetterling ist ein unermüdlicher Wanderer, der in manchen Jahren sogar den nördlichen Polarkreis überfliegt. Außer in Südamerika ist er auf allen Kontinenten, vor allem in Afrika und Südeuropa, verbreitet.

- Familie: Edelfalter
- Unterfamilie: Fleckenfalter
- tag- und nachtaktiv
- Spannweite: 5 cm

Tagsüber sieht man ihn häufig, doch er wandert auch nachts. Auf dem Flug über das Meer wird er von den Scheinwerfern der Schiffe angezogen.

Verfroren

Jedes Jahr kommt der Distelfalter nach Europa und je nachdem, wie groß die Populationen in Nordafrika sind, dringt er weiter oder weniger weit nach Norden vor. Im Sommer pflanzt er sich so gut wie überall fort und seine Raupen leben auf sehr verbreiteten Pflanzen. Distelfalter verbringen den Winter als Puppen oder Erwachsene, gehen bei Kälte aber zugrunde.

Raupe

Die Raupe

Sie lebt auf Disteln, Bren nesseln, Malven und Kletten. Sie versteckt sic unter Blättern, die sie m ihrer Seide am Stängel fixiert hat. In einem der tigen Unterschlupf verbi sich auch die Puppe.

J F M A M J J A S O N D

- Wiesen, Brachland, Felder, Wegränder, Gärten
- Flachland und Berge

Landkärtchen

Araschnia levana

Die beiden Generationen des Landkärtchens, die des Frühjahrs und die des Sommers, sind so verschieden voneinander, dass man sie für unterschiedliche Arten halten könnte. Die Raupen sehen aber immer gleich aus.

Raupe

Die Raupe ernährt sich ausschließlich von Brennnesseln.

- Familie: Edelfalter
- Unterfamilie: Fleckenfalter
- tagaktiv
- Spannweite: 3 cm bis 3,5 cm

Frühjahrsgeneration

Alles meins!

Das Männchen sucht sich ein Revier am Waldrand oder über einem Strauch und bewacht es im Gleitflug. Taucht ein Eindringling auf, wird er verfolgt, bis er das Weite sucht.

Sommergeneration

Die Eier

Das Weibchen legt die Eier an der Unterseite eines Blattes übereinander ab, sodass sie Bänder von sechs bis 15 Eiern bilden.

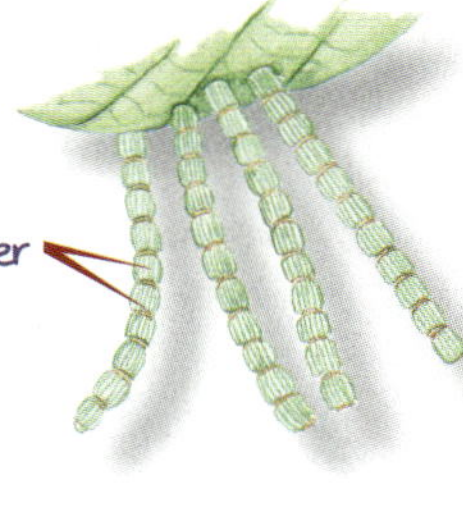

Wegerich-Scheckenfalter

Melitaea cinxia

geschlossen Flügel

Man kann ihn im Gebirge in über 2000 m Höhe antreffen. Im südeuropäischen Flachland gibt es jedes Jahr zwei Generationen, in den Bergen und im nördlichen Teil seines Verbreitungsgebiets nur eine Sommergeneration.

- Familie: Edelfalter
- Unterfamilie: Fleckenfalter
- tagaktiv
- Spannweite: 4 cm

Danke, Bauern!

Der Wegerich-Scheckenfalter profitiert von der traditionellen Landwirtschaft, denn er kommt viel auf Brachland vor, also auf Feldern, die zwischendurch nicht bewirtschaftet werden. Hier wächst der Wegerich, von dem sich seine Raupen ernähren. Wo intensive Landwirtschaft betrieben wird, ist er kaum anzutreffen.

Roter Scheckenfalter

Er stammt aus der gleichen Familie wie der Wegerich-Scheckenfalter, doc seine weniger zahlreichen schwarzen Flecken bilden kein Schachbrettmuster. Die Grundfarbe der Flügel ist beim Männchen leuchtend Orange, be Weibchen stumpfer und mitunter in Grau übergehend.

Raupe

Wenn die ältere Raupe an einem Stängel sitzt, ähnelt sie einer Blütenähre des Spitzwegerichs. Diese Tarnung schützt sie vor den Vögeln, ihren Fressfeinden.

J F M A M J J A S O N D

- Wiesen, Rasen, Hänge, Brachland, Gärten
- Flachland und Berge

Kleiner Perlmutterfalter

Issoria lathonia

geschlossene Flügel

Seinen Namen verdankt der Falter den perlmuttweißen Flecken auf der Unterseite seiner Flügel.

Je nach klimatischen Bedingungen verbringt der Kleine Perlmutterfalter den Winter als Raupe, Puppe oder erwachsener Schmetterling. In Jahren mit einem milden Spätwinter kann man ihn als einen der ersten Schmetterlinge fliegen sehen. Er ist in der Lage, lange Wanderzüge zurückzulegen.

- Familie: Edelfalter
- Unterfamilie: Passionsblumenfalter
- tagaktiv
- Spannweite: 3,5 cm

Raupe und Puppe

Die nachtaktive Raupe frisst gerne Acker-Stiefmütterchen. Sie verpuppt sich an der Pflanze, von der sie sich ernährt hat. Die Puppe sieht wie Vogelkot aus und ist deshalb gut getarnt.

Raupe

Nicht verwechseln!

Der Feurige Perlmutterfalter ist ein bisschen größer als der Kleine Perlmutterfalter. Die Oberseite der Flügel ist sehr ähnlich, doch beim Kleinen Perlmutterfalter ist sie orange und braun, der Feurige Perlmutterfalter hat graugrüne Markierungen.

Feuriger Perlmutterfalter

J F M A M J J A S O N D

- Wiesen, Rasen, Dünen, Brachland, Gärten
- Flachland und Berge

Kaisermantel

Argynnis paphia

Raupe

Dieser Bewohner von Wäldern und Waldrändern ernährt sich vom Nektar der Brombeerblüten und anderer Sträucher. Nachts zieht sich der Kaisermantel in die Baumwipfel zurück, aber man kann ihn morgens sehen, wenn er sich auf Blüten in der Sonne wärmt.

- Familie: Edelfalter
- Unterfamilie: Passionsblumenfalter
- tagaktiv
- Spannweite: 6 cm

Die Raupe versteckt sie sich häufig unter altem Laub in der Nähe von Veilchen

Männchen

Die länglichen schwarzen Flecken auf den Vorderflügeln bestehen aus Schuppen, die einen sexuellen Lockduft verströmen. Nur die Männchen haben sie.

Wohin mit den Eiern?

Das Weibchen legt seine Eier auf der Rinde eines Baumes ab, in dessen Nähe Veilchen wachsen.

Weibchen

geschlossene Flügel

J F M A M J J A S O N D

- Wälder, Lichtungen, Waldränder, Hecken
- Flachland und niedrige Berge

Waldbrettspiel

Pararge aegeria

Diesem Schmetterling gefällt es im Wald. Gerne sitzt er am Boden, auf niedrigen Pflanzen oder den unteren Ästen der Bäume. Wehe dem Rivalen, der ihm sein Lieblingsplätzchen beim Sonnenbad streitig machen will!

Die südliche Unterart des in Europa weitverbreiteten Waldbrettspiels hat orangebraune Flecken, während die Flecken der nördlichen Unterart ockergelb und manchmal ziemlich blass sind.

- Familie: Edelfalter
- Unterfamilie: Augenfalter
- tagaktiv
- Spannweite: 3,8 cm

Nicht verwechseln!

Der Mauerfuchs ähnelt der südlichen Unterart sehr. Unterscheiden kann man sie an den zu einem Netz verschränkten braunen Linien auf dem Vorderflügel, die beim Waldbrettspiel wesentlich dicker sind.

Die Raupe ernährt sich von Gräsern.

J F M A M J J A S O N D

- Wälder, Waldränder, Hecken, Gärten
- Flachland und niedrige Berge

Rotbraunes Ochsenauge

Pyronia tithonus

Das Weibchen legt seine Eier gerne im Schutz von Sträuchern ab, während die Raupe auf Gräsern lebt. Deshalb gefällt es diesem Schmetterling in dicht bewachsenen Gärten, in denen Rasen und Hecken nicht allzu oft geschnitten werden.

Die Raupe

Sie ist im Herbst und im Frühling aktiv und verbringt den Winter mi verlangsamten Lebensfunktionen im Gras versteckt. Sie frisst nach und gräbt sich tagsüber die Erde ein.

- Familie: Edelfalter
- Unterfamilie: Augenfalter
- tagaktiv
- Spannweite: 3,8 cm

Männchen

Das Ochsenauge besucht am liebsten blaue oder malvenfarbige Blüten, besonders die der Minzen.

Braunauge

Nicht verwechseln!

Das Braunauge kann ebenso wie das Rotbraune Ochsenauge auf dem Vorde flügel zwei weiße Punkte in einem großen runden Fleck haben. Doch die orangefarbenen Felder sind kleiner und das braune Band am Flügelsaum zeichnet sich weniger deutlich ab.

J F M A M J J A S O N D

- Lichtungen, Waldränder, Hecken, Brachland, Gärten
- Flachland

Kleiner Heufalter

Coenonympha pamphilus

Diesen kleinen Schmetterling sieht man bei uns sehr häufig – überall dort, wo es Gras gibt, sogar in den Städten. Er fliegt langsam und ruckartig knapp oberhalb der Pflanzen. Nachts schläft er auf einem Grasbüschel, oft in Gesellschaft von Artgenossen.

- Familie: Edelfalter
- Unterfamilie: Augenfalter
- tagaktiv
- Spannweite: 3 cm

In manchen Gegenden legt das Weibchen zuerst grüne und später gelbe Eier ab. Trotzdem sehen die Raupen alle gleich aus.

Eine große Familie

Im Flachland gibt es jedes Jahr zwei bis vier Generationen. Den ganzen Sommer über kommen neue Generationen hinzu und bis in den Herbst hinein sieht man diese Schmetterlinge in großer Zahl fliegen.

Die Raupe

Sie ist grün mit helleren seitlichen Längsstreifen und so im Gras gut getarnt. Da sie vor allem nachtaktiv ist, kannst du sie am ehesten in der Dunkelheit im Schein deiner Taschenlampe beobachten.

J F M A M J J A S O N D

- Wiesen, Rasen, Brachland, Wege, Gärten
- Flachland und Berge

Großes Ochsenauge

Maniola jurtina

Dieser Schmetterling lässt sich im Flachland und an Hügeln öfter beobachten als in den Bergen und kommt über 1000 m nur selten vor. Mit etwas Übung erkennt man ihn auf den ersten Blick an seinem etwas ungeschickt wirkenden, ruckartigen Flug.

- Familie: Edelfalter
- Unterfamilie: Augenfalter
- tagaktiv
- Spannweite: 4,5 cm

Es lebe die Sense!

Er ist ein typischer Bewohner traditionell bewirtschafteter Wiesen, die noch mit der Sense geschnitten werden. Die Weibchen legen die Eier dort ab, wo das Gras kurz zuvor gemäht wurde.

Raupe

Auf dem Vorderflügel ist ein runder schwarzer Fleck mit einem, manchmal auch zwei weißen Punkten gut sichtbar.

Schon gewusst?

Das Große Ochsenauge besucht gerne die Blüten der Flockenblume, der Brombeere und des Feldthymians, die auf handgemähten Wiesen und an deren Rändern in großer Zahl vorkommen.

J F M A M J J A S O N D

- Wiesen, Heide, Lichtungen, Brachland, Böschungen, Wege
- Flachland und niedrige Berge

Gelbbindiger Mohrenfalter

Erebia meolans

Bei uns leben an die 30 Arten von Mohrenfaltern. Sie sind nur schwer auseinanderzuhalten, zumal über zehn verschiedene Arten am gleichen Ort herumflattern können! Einige dieser Arten sind vom Aussterben bedroht.

- Familie: Edelfalter
- Unterfamilie: Aurorafalter
- tagaktiv
- Spannweite: 4 cm

Die Raupe

In den Bergen wächst sie nur sehr langsam. Die kalte Jahreszeit verbringt sie unbeweglich an einem Grashalm. Die Puppe ist durch einen leichten Kokon geschützt, der aus Seidenfäden und trockenen Grashalmen besteht.

Nicht verwechseln!

Der Gelbgefleckte Mohrenfalter hat eine hellere Grundfarbe und die Flecken auf den orangeroten Bändern sehen ein bisschen anders aus.

Gelbgefleckter Mohrenfalter

Ziemlich anpassungsfähig

Die meisten Mohrenfalterarten können nur unter bestimmten Bedingungen leben. Der Gelbbindige Mohrenfalter dagegen ist wesentlich unkomplizierter und man begegnet ihm fast überall, in 300 wie in 2400 m Höhe, vorausgesetzt dort wachsen Schwingelarten und Borstgras.

J F M A M J J A S O N D

- Wiesen, Rasen, Böschungen, Waldränder
- Berge und Hügel

Brombeer-Zipfelfalter

Callophrys rubi

Einzigartig ist seine metallisch grüne Unterseite. Die Oberseite ist dunkelbraun. Dieser sehr verbreitete Schmetterling ist zwar eher scheu, aber an seinem hüpfenden Flug gut zu erkennen.

- Familie: Bläulinge
- Unterfamilie: Feuerfalter
- tagaktiv
- Spannweite: 2,5 cm

Die Lieblingspflanzen

Die Raupen findet man vor allem auf Ginster, Stechginster und Hornklee – und trotz des Namens kaum jemals auf Brombeeren. Sie fressen die zarten Blättchen, die Blüten und die unreifen Früchte.

Männchen

geschlossene Flügel

Auf ähnliche Weise wie ein Prisma brechen die Schuppen der Unterseite das Licht. Dadurch entsteht die metallisch grüne Farbe.

Versteckter Wächter

Das Männchen schützt von einem Zweig aus ein kleines Revier vor Rivalen. Auf seinem Aussichtspunkt faltet es die Flügel zusammen, sodass es inmitten der Blätter nicht auffällt.

J F M A M J J A S O N D

- Wiesen, Heide, Brachland, Lichtungen
- Flachland und Berge

Kleiner Eisvogel

Limenitis camilla

Dieser im Unterholz lebende Schmetterling leidet sehr darunter, wenn die Sträucher im Wald ausgeholzt werden, damit die Bäume besser wachsen. Besonders wichtig ist für ihn das Geißblatt.

Blauschwarzer Eisvogel

Ein naher Verwandter

Der Blauschwarze Eisvogel kommt in Süddeutschland und südlich davon vor und hält sich gerne in Wäldern und auf Brachland in Wassernähe auf. Vom Kleinen Eisvogel kann man ihn am metallisch blauen Schimmer seiner Flügel unterscheiden.

- Familie: Edelfalter
- Unterfamilie: Eisvögel
- tagaktiv
- Spannweite: 4,5 cm

Häufig bewacht das Männchen von einer sonnigen Stelle auf einem Ast aus sein Revier, von dem es sich nie für längere Zeit entfernt.

Raupe

Die Raupe

Sie ernährt sich von den Blättern des Geißblatts und verbringt auf diesen Sträuchern den Winter. Im Herbst beißt sie sich ein Blatt zurecht, rollt es zusammen und versteckt sich darin. Damit das Blatt nicht abfällt, fixiert sie es mit Seidenfäden am Zweig.

J F M A M J J A S O N D

- Wälder
- Flachland und mittlere Berge

Kleiner Malven-Dickkopffalte

Pyrgus malvae

An warmen, sonnigen Tagen sieht man ganze Gruppen dieser Schmetterlinge. Ih Zickzackflug ist schnell und hüpfend. Sie ruhen sich gerne mit ausgebreiteten Flügeln auf sonnenbeschienenen Gräsern oder auf dem Boden aus und lassen sic manchmal am Rand von Pfützen oder Teichen zum Trinken nieder.

- Familie: Dickkopffalter
- Unterfamilie: Pyrginae
- tagaktiv
- Spannweite: 2 cm

Die verschiedenen Dickkopffalterarten ähneln einande sehr. Der Kleine Malven-Dickkopffalter unterscheide sich von den anderen dadurch, dass er am Flügelansat keinen hellen Fleck hat und dafür am äußeren Flügelranc eine Reihe größerer weißer Flecken

Die Raupe

Sie findet ihre Nahrung auf mehreren Pflanzen aus der Familie der Rosengewächse: Du kannst sie auf Erdbeeren antreffen, auf Himbeeren, Brombeeren, Fingerkraut oder Odermennig. Die junge Raupe versteckt sich unter dem Seidengespinst, das sie über einem Blatt gesponnen hat. Wenn sie älter ist, kriecht sie in ein zusammengefaltetes Blatt.

Raupe

Nicht verwechseln!

Die weißen Flecken auf den Flügeln des Zweibrütigen Würfe Dickkopffalters sind kleiner und der weiße Rand ist schmäler.

Zweibrütiger Wür Dickkopffalter

J F M A M J J A S O N D

- Wiesen, Rasen, Dünen, Brachland, Waldränder
- Flachland und Berge

Schachbrett

Melanargia galathea

Diese Schmetterlinge treten im Frühling ganz plötzlich in großer Zahl auf. Da ihre Lebenserwartung kurz ist und es nur eine Generation von ihnen gibt, verschwinden sie bereits im Hochsommer wieder.

geschlossene Flügel

Das Schachbrett ist nur in Gebieten mit viel Gras daheim, wo seine Raupe Nahrung findet. Das Weibchen legt die Eier oft im Flug ab.

- Familie: Edelfalter
- Unterfamilie: Augenfalter
- tagaktiv
- Spannweite: 5 cm

Raupe

Wenn du die braunen oder grünen Raupen störst, rollen sie sich zusammen und lassen sich zu Boden fallen.

Nicht verwechseln!

Im Süden Europas gibt es noch viele andere, sehr ähnliche Schachbrettfalterarten. Der hier gezeigte *Melanargia russiae* unterscheidet sich durch runde schwarze Flecken mit weißer Mitte auf der Flügeloberseite.

Melanargia russiae

J F M A M J J A S O N D

- Wiesen, Lichtungen, Hänge, Brachland, Wege
- Flachland und Berge

Großer Kohlweißling

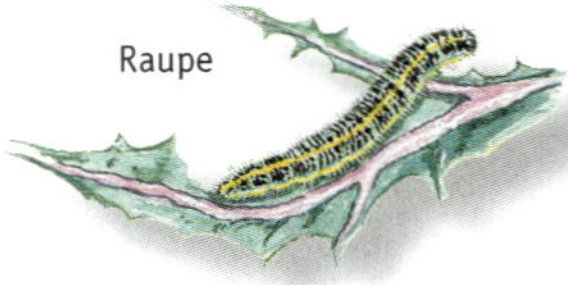

Raupe

Pieris brassicae

Wegen der Gefräßigkeit seiner Raupen ist er bei Bauern und Gärtnern sehr unbeliebt. Aufgrund von Insektenbekämpfungsmitteln trifft man ihn in Gemüsegärten und auf Kohlfeldern inzwischen viel seltener an.

Gesunder Appetit

Beim Schlüpfen frisst die Raupe die Eierschale auf und anschließend den Teil des Blattes, auf dem das Ei lag. Da auf einem Blatt immer mehrere Eier abgelegt werden, hat es bald lauter Löcher. Dann ist der übrige Kohlkopf dran ...

- Familie: Weißlinge
- Unterfamilie: Echte Weißlinge
- tagaktiv
- Spannweite: 6 cm

Weibchen

Das Weibchen legt an der Unte
seite der Blätter von Kohl un
anderen Kreuzblütlern Päckche
von 15 bis 50 Eiern ab

Kleiner Kohlweißling

Nicht verwechseln!

Der Kleine Kohlweißling ist kleiner. Der graue Fleck auf dem Vorderflügel hat einen fast geraden Rand und der schwarze Streifen ist weniger markant.

Eier

J F M A M J J A S O N D

- Wiesen, Brachland, Wegränder, Gärten
- Flachland und Berge

Baumweißling

Aporia crataegi

Er ist der wahre Schmetterling der Hecken, denn dort wachsen die Bäume und Sträucher, die seine Raupen ernähren. Man findet ihn in Gegenden, in denen Felder und Wiesen noch von Hecken gesäumt werden.

- Familie: Weißlinge
- Unterfamilie: Echte Weißlinge
- tagaktiv
- Spannweite: 6 cm

Er hat keine schwarzen Flecken, sondern höchstens graue Stellen. Oberseite und Unterseite der Flügel sind gleich.

Baumweißlinge besuchen gerne alte, verlassene Obstgärten, in denen keine Insektengifte mehr verwendet werden. Ihre Eier legen die Weibchen aber lieber auf jungen Bäumen ab.

Die Raupen

Sie leben in Gruppen im Schutz eines gemeinsamen Seidenkokons, in dem sie überwintern. Im Frühjahr beginnen sie wieder zu fressen und sonnen sich auf ihrem Nest.

Opfer der Insektenbekämpfung

Der Baumweißling galt früher als Schädling, weil seine Raupen auch die Blätter von Obstbäumen fressen. Insektengifte und das Abholzen von Hecken ließen ihn in der Nordhälfte Europas immer seltener werden. Seit den 1920er-Jahren kommt er in England nicht mehr vor.

J F M A M J J A S O N D

- Waldränder, Lichtungen, Hecken, Brachland, Obstgärten
- Flachland und Berge

Apollofalter

Parnassius apollo

Wenn in der warmen Jahreszeit die Sonne scheint, kann man den majestätischen Flug des Apollofalters bewundern. Aufgrund seiner Größe ist er nicht zu übersehen.

- Familie: Ritterfalter
- Unterfamilie: Parnassinae
- tagaktiv
- Spannweite: 7,5 cm

Die Grundfarbe der Flügel ist Weiß, beim Weibchen durchscheinender als beim Männchen.

Das Leben der Raupe

Die junge Raupe überwintert im Ei. Sie schlüpft im Frühjahr und frisst nur bei Sonnenschein auf bestimmten Pflanzenarten wie Fetthenne, Steinbrech oder Hauswurz.

Nach der Paarung versiegelt das Männchen das Hinterleibende des Weibchens mit einem schnell erhärtenden Sekret, sodass es sich kein zweites Mal paaren kann. Es ist so etwas wie ein Keuschheitsgürtel für Schmetterlinge.

Nicht verwechseln!

Der Alpenapollo hat am *vorderen* Rand des Vorderflügels einen kleinen roten Augenfleck.

Opfer der Klimaerwärmung

Der Apollofalter ist aus einigen Mittelgebirgen und anderen Regionen Europas verschwunden. Ein kalter Winter und eine länger bestehende Schneedecke sind für die gesunde Entwicklung der Raupen unverzichtbar.

Hinterflügel mit Zipfel

- Schwalbenschwanz
- Segelfalter
- Zitronenfalter
- Holunderspanner
- C-Falter
- Erdbeerbaumfalter
- Kleiner Feuerfalter
- Nierenfleck-Zipfelfalter
- Großer Wanderbläuling

Schwalbenschwanz

Papilio machaon

Raupe

Der elegante Schwalbenschwanz zählt zu den schönsten unserer heimischen Schmetterlinge. Leider ist er heute selten geworden. Da er sich von verschiedenen Gemüsepflanzen ernährt, kann man ihn in Gärten beobachten.

- Familie: Ritterfalter
- Unterfamilie: Schwalbenschwänze
- tagaktiv
- Spannweite: 6,5 cm

Dieser kräftige Flieger legt wei
Wegstrecken zurüc

Seinen Nam
verdankt er d
langen Zipfeln
den Hinterflügel
die an
Schwanzfede
einer Schwal
erinne

Die Raupe

Nach dem Schlüpfen ist sie erst einmal schwarz mit einem weißen Längsstreifen auf dem Rücken. Später wird sie grün mit schwarzen, orangerot gepunkteten Querstreifen. Bei Gefahr stülpt sie hinter dem Kopf eine orangerote Nackengabel aus, die einen abschreckenden Geruch verströmt.

Nicht verwechseln!

Die Flügel des Alexanor-Schwalbenschwanzes haben ein kräftigeres Gelb als Grundfarbe und sind weniger schw geädert. Außerdem trägt er auf jedem Flügel in Körpernähe eine kräftige, schwarze Binde.

Alexanor-Schwalbenschwanz

J F M A M J J A S O N D

- Sümpfe, Wiesen, Hänge, Brachland, Gärten
- Flachland und Berge

Segelfalter

Iphiclides podalirius

Puppe

Der Segelfalter liebt offene Landschaften mit Wäldchen und Hecken, in denen seine Raupen Futter finden. Die Hecken helfen ihm auch, sein Revier einzugrenzen. Bei einem »Luftgefecht« zweier Männchen schlagen die beiden mit den Flügeln aufeinander ein, bis einer aufgibt.

- Familie: Ritterfalter
- Unterfamilie: Schwalbenschwänze
- tagaktiv
- Spannweite: 6 cm

Die Puppen

Die Raupen der ersten Generation entwickeln sich zu grünen Puppen, aus denen im Sommer die Schmetterlinge schlüpfen. Die Puppen der zweiten Generation sind braun. Aus ihnen schlüpfen die Tiere im folgenden Frühjahr.

Raupe

Bei Gefahr stülpt die Raupe ebenso wie die des Schwalbenschwanzes (siehe S. 32) eine Nackengabel aus.

Gleitflugass

Beobachte mal einen Segelfalter, der sein Revier überwacht. Er schlägt einige Sekunden lang mit den Flügeln und segelt dann etliche Meter weit, bis er wieder die Flügel bewegt.

J F M A M J J A S O N D

- Lichtungen, Wiesen, Brachland, Obstgärten
- Flachland und niedrige Berge

Zitronenfalter

Gonepteryx rhamni

Mit seinen spitz zulaufenden, weißen bis gelben Flügeln ahmt der Zitronenfalter das Aussehen eines welken Blattes nach. Diese Tarnung ist wichtig, da er den Winter mit geschlossenen Flügeln auf einem niedrigen Strauch verbringt. Im Frühling zeigt er sich als einer der ersten Schmetterlinge.

Weibc

- Familie: Weißlinge
- Unterfamilie: Gelblinge
- tagaktiv
- Spannweite: 5 cm

Männche

Zitronenfalter entfernen sich nie weit vom Wald, in dem sie geschlüpft sind.

Wenn die Raupe unbeweglich auf dem Zweig oder Blatt eines Faulbaums oder Kreuzdorns sitzt, ist sie mit ihrem blaugrünen Rücken nur schwer auszumachen.

Mittelmeer-Zitronenfalter

Nicht verwechseln!

Das Männchen des Mittelmeer-Zitronenfalters ist gelb mit orangefarbenen Markierungen, das Weibchen grünlich weiß mit leichten gelben Markierungen.

Raupe

J F M A M J J A S O N D

- Felder, Hecken, Brachland, Gärten
- Flachland und Berge

Holunderspanner

Ourapteryx sambucaria

Um diesen rein nachtaktiven Schmetterling tagsüber zu sehen, muss man die Stämme und Blätter der Bäume absuchen, auf denen er gewöhnlich ruht. Mit ausgebreiteten oder geschlossenen Flügeln sieht er wie ein Tagschmetterling aus.

- Familie: Edelfalter
- Unterfamilie: Fleckenfalter
- nachtaktiv
- Spannweite: 5 cm

Immer zum Licht

Der Holunderspanner fliegt erst, wenn es dunkel geworden ist. Seine Flugzeit fällt auf die kürzesten Nächte des Jahres und deshalb musst du lange aufbleiben, um ihn zu sehen. In der Nähe von Lampen oder Straßenlaternen könntest du Glück haben: Licht zieht ihn unwiderstehlich an.

Wegen seiner spitz zulaufenden Flügel könnte man den Holunderspanner leicht mit dem Zitronenfalter verwechseln (siehe S. 34). Doch er hat Querstreifen auf den Flügeln und keinen orangefarbenen Fleck.

Unglaublich!

Die Raupe ist nur nachts aktiv. Tagsüber sitzt sie unbeweglich und nach oben gereckt auf der Pflanze, von der sie lebt (unter anderem Holunder, Weißdorn, Schwarzdorn und Liguster), und ahmt einen trockenen Zweig nach. Sie ist sehr schwer zu entdecken.

J F M A M J J A S O N D

- Wälder, Hecken, Brachland, Gärten
- Flachland und niedrige Berge

C-Falter

Polygonia c-album

Wenn er auf einem Kiesweg oder einem Baumstamm sitzt, sieht man ihn kaum, so sehr ähnelt er mit seinen dunklen Farben und den zackigen Umrissen der Flügel einem toten Blatt. Da er als Erwachsener überwintert, ist er im Frühjahr unter den ersten Schmetterlingen.

- Familie: Edelfalter
- Unterfamilie: Fleckenfalter
- tagaktiv
- Spannweite: 4 cm

Gut getarnt!

Die Raupe hat auf dem Rücken einen großen weißen Fleck, der sie wie Vogelkot aussehen lässt.

Leben mit den Jahreszeiten

Jedes Jahr gibt es zwei bis drei Generationen von C-Faltern. Bei der Sommergeneration ist die Grundfarbe der Flügel Gelbbraun, bei der Herbstgeneration von einem rostigen Beige. Das C auf der Unterseite kann unterschiedlich geformt sein oder auch ganz fehlen.

J F M A M J J A S O N D

- Waldränder, Hecken, Brachland, Gärten
- Flachland und Berge

Erdbeerbaumfalter

Charaxes jasius

Dieser Schmetterling kann nur in warmem Klima leben und ist deshalb nur im Mittelmeerraum anzutreffen. Vielleicht hat die Klimaerwärmung zur Folge, dass er eines Tages auch bei uns heimisch wird.

Die bauchige Puppe hängt mit dem Hinterleibende vom Zweig eines Strauchs.

- Familie: Edelfalter
- Unterfamilie: Charaxinae
- tagaktiv
- Spannweite: 7 cm bis 8 cm

An jedem Hinterflügel sind je ein kürzeres und ein längeres »Schwänzchen«.

Die Raupe

Sie lebt fast ausschließlich auf dem Erdbeerbaum und nur vereinzelt auf Lorbeer. Sie ist ein Einzelgänger und frisst auch im Winter, verträgt aber keinen starken Frost.

Raupe

Dem Alkohol zugetan

Im Jahr gibt es zwei Generationen des Erdbeerbaumfalters. Als kräftiger Flieger kann er weite Strecken zurücklegen. Er ernährt sich von reifem Obst und saugt auch dann gerne daran, wenn es schon fault und alkoholisch gärt.

J F M A M J J A S O N D

- Heide und Macchia
- Flachland

Kleiner Feuerfalter

Lycaena phlaeas

Der Kleine Feuerfalter liebt die Sonne und hält sich vor allem in offenen Landschaften auf. Er dreht sich während des Sonnenbads um die eigene Achse, damit Körper und Flügel möglichst viel Sonne abbekommen. Seine Fähigkeit, sich im kleinsten Sonnenstrahl aufzuwärmen, ermöglicht es ihm, auch jenseits des Nordpolarkreises zu leben.

- Familie: Bläulinge
- Unterfamilie: Lycaeninae
- tagaktiv
- Spannweite: 3 cm

Die Raupe

Sie lebt auf Sauerampfer. Sie kann unterschiedlich gefärbt sein. Manche Raupen sind einheitlich grün.

Privates Solarium

Das Männchen verteidigt sein Revier gegen mögliche Konkurrenten. Anstatt aber wie andere Schmetterlinge eine Ecke oder den Waldrand zur Grenze zu bestimmen, bewacht es eine sehr offene Stelle, sein Solarium, wie die Schmetterlingsexperten sagen: Hier wärmt es sich auf.

Nicht verwechseln!

Das Weibchen des geschützten Großen Feuerfalters ähnelt dem Kleinen Feuerfalter, ist aber größer und hat an den Hinterflügeln keine Zipfel. Deren Unterseite ist graublau mit schwarzen Flecken (und nicht mit braunen wie beim Kleinen Feuerfalter).

Großer Feuerfalter (Weibchen)

J F M A M J J A S O N D

- Wiesen, Brachland, Hänge, Lichtungen, Wege
- Flachland und Berge

Nierenfleck-Zipfelfalter

Thecla betulae

Dieser Schmetterling hält sich in Parks, Gärten und überall dort auf, wo es viele Bäume gibt und die Pflanzen wachsen, von denen seine Raupen leben. Häufig ist er alleine unterwegs.

- Familie: Bläulinge
- Unterfamilie: Lycaeninae
- tagaktiv
- Spannweite: 3,5 cm

Brauner Eichen-Zipfelfalter

Ein Cousin

Der Braune Eichen-Zipfelfalter unterscheidet sich vom Nierenfleck-Zipfelfalter durch die einheitlicher gefärbten Flügel ohne Markierungen.

Weibchen

Kinderstube

Das Weibchen legt die Eier auf Pflaumenbäumen und manchmal auch auf Zierpflaumen ab. Deswegen kannst du diese Schmetterlinge häufig in Gärten oder Parks antreffen.

Raupe

Männchen

J F M A M J J A S O N D

- Lichte Wälder, Waldränder, Hecken, Brachland, Gärten
- Flachland und niedrige Berge

Großer Wanderbläuling

Lampides boeticus

Die Raupen des Großen Wanderbläulings sind an Erbsen- und Bohnenpflanzen zu finden sowie am Blasenstrauch, der in milden Gegenden in Parks und Gärten wächst. Der erwachsene Schmetterling bestäubt dort auch die Blüten.

Weibchen

- Familie: Bläulinge
- Unterfamilie: Polyommatinae
- tagaktiv
- Spannweite: 3 cm

Männchen

Kannibalische Raupe

Sie entwickelt sich in den Blüten und Schoten des Ginsters, Stechginsters, der Erbsen, Bohnen und Luzerne. In jeder Schote findest du nur eine Raupe, denn wenn sie dort zu mehreren waren, frisst die kräftigere die anderen.

Raupe

Gegen den Strom

Wenn die Touristen im Sommer ans Mittelmeer strömen, fliegt der Große Wanderbläuling nach Norden und erreicht mitunter fast die Ostsee. Fortpflanzen kann er sich aber nur im Süden.

J F M A M J J A S O N D

- Lichte Wälder, Heide, Brachland, Felder, Gärten
- Flachland und Berge

Dreieckiger Umriss in Ruhestellung

- Blutbär
- Blutströpfchen
- Rotes Ordensband
- Brauner Bär
- Stachelbeerspanner
- Rostfarbiger Dickkopffalter
- Eichenspinner
- Mehlzünsler
- Kohleule
- Achateule
- Gammaeule
- Ligusterschwärmer
- Kleines Nachtpfauenauge

Blutbär

Tyria jacobaeae

Der Blutbär (auch: Jakobskrautbär) ist vor allem nachts aktiv. Wenn er gestört wird, entfernt er sich in zögerlichem Flug ein Stück weit und landet bald darauf wieder auf einer niedrigen Pflanze. Durch die rote Unterseite seiner Flügel fällt er immer sofort auf.

- Familie: Bärenspinner
- Unterfamilie: Arctiinae
- tag- und nachtaktiv
- Spannweite: 3 cm

Eine giftige Raupe

Sie lebt in Kolonien und ernährt sich ausschließlich von Jakobskreuzkraut, einer Pflanze, die auf Wiesen und Brachland häufig vorkommt. Die Raupe ist ebenso giftig wie der Schmetterling. Deshalb trägt sie auch Warnfarben: Gelb und Schwarz.

Vorsicht, giftig!

Das Blut dieses Schmetterlings enthält Stoffe, die ihn nicht nur schlecht schmecken lassen, sondern auch für seine wichtigsten Fressfeinde giftig sind: für die Vögel. Seine auffälligen Farben warnen vor dieser Gefahr. Auch andere schlecht schmeckende Insekten wie die Streifenwanze sind ähnlich auffällig gefärbt.

Der Blutbär ähnelt de
Widderchen (siehe S. 43)
unterscheidet sich aber durc
eine schmale rote Bind
auf dem Vorderflügel, d
außerdem breiter als bei de
Widderchen is

J F M A M J J A S O N D

- Wiesen, Rasen, Dünen, Brachland
- Flachland und niedrige Berge

Blutströpfchen

Zygaena filipendulae

Obwohl man sie zu den Nachtschmetterlingen zählt, sind Widderchen tagaktiv. Zu den am häufigsten vorkommenden zählt das Blutströpfchen (auch: Sechsfleck-Widderchen). Es fliegt langsam und flüchtet nicht sofort, wenn es gestört wird.

Die Raupe

Auch sie ist giftig. Sie ähnelt ein bisschen der Raupe des Blutbärs (siehe S. 42): Die Grundfarbe ist Gelbgrün mit schwarzen Ringen. Sie lebt ausschließlich auf Hornklee und anderen Hülsenfrüchtlern.

- Familie: Widderchen
- Unterfamilie: Rotwidderchen
- tagaktiv
- Spannweite: 3,5 cm

Dieser weit verbreitete Schmetterling kann unterschiedlich gefärbt sein. Die Palette reicht von metallischem Grau bis Grün und von Orange bis Rot. Er hat auf den Vorderflügeln meist sechs Flecken.

am Flügelansatz meist zwei rote Flecken, manchmal auch nur einer

am Flügelende häufig zwei rote Flecken

Wenn sie sich bedroht fühlen, sondern Widderchen Zyanid ab, ein tödliches Gift!

Nicht verwechseln!

Das Kleewidderchen trägt auf jedem Flügel nur fünf rote Flecken, das Blutströpfchen meist sechs. Blutströpfchen mit nur fünf Flecken haben stets zwei davon am Flügelende, während das Kleewidderchen dort immer nur einen hat.

Kleewidderchen

J F M A M J J A S O N D

- Waldränder, Wiesen, Rasen, Dünen, Brachland
- Flachland und Berge bis über 3500 Meter

Rotes Ordensband

Catocala nupta

Er ist ein typischer Sommerschmetterling, der nachts vom Licht angezogen wird. Deshalb ist er auch unter den Faltern zu finden, die gegen eine erleuchtete Fensterscheibe geflogen sind und darunter liegen bleiben.

Blaue
Ordensb

Aus einer Familie

Wie der Name schon sagt, unterscheidet sich das Blau Ordensband vom Roten durc die blaue Binde auf den Hinterflügeln.

- Familie: Eulenfalter
- Unterfamilie: Catocalinae
- nachtaktiv
- Spannweite: 6,5 cm bis 8 cm

Lust auf Saft

Statt von Blütennektar ernährt sich das Rote Ordensband lieber von Saft, der aus verschiedenen Wunden der Bäume sickert.

Raupe

Die nachtaktive Raupe verbringt den Tag in einem Rindenspalt des Baumes, auf dem sie lebt: auf einer Weide, einer Pappel oder einem Pflaumenbaum.

Schon gewusst?

Wenn es auf einem Baum oder Pfosten sitzt, ist es durch die gra braun gemusterten Vorderflügel getarnt. Wenn es gestört wird, fliegt es im Zickzack davon. Dabe werden die auffälligen Hinterflügel sichtbar. Sobald es irgendw landet, verschwinden die roten Binden und der Verfolger verliert die Beute aus den Augen.

J F M A M J J A S O N D

- Felder, Hecken, Parks, Gärten
- Flachland und Berge

Brauner Bär

Arctia caja

Den Tag verbringt dieser Schmetterling reglos auf einer Pflanze. Weil die Flecken auf seinen Vorderflügeln die Wahrnehmung des Umrisses stören, fällt er trotz seiner Größe kaum auf. Die gleiche optische Wirkung haben übrigens die Tarnuniformen von Soldaten.

Schwarzer Bär

Ein Cousin

Durch die gelbe Grundfarbe der Hinterflügel lässt sich der Schwarze Bär leicht vom Braunen Bären unterscheiden.

- Familie: Bärenspinner
- Unterfamilie: Arctiinae
- nachtaktiv
- Spannweite: 6 cm

Stachelige Raupe

Die Raupe sieht nicht nur ein bisschen wie ein Igel aus, sie rollt sich auch bei Gefahr wie ein Igel zusammen. Ähnlich wie Brennnesseln rufen ihre Borsten Hautreizungen hervor.

Raupe

J F M A M J J A S O N D

- Lichte Wälder, Hecken, Wiesen, Brachland, Gärten
- Flachland und Berge

Stachelbeerspanner

Abraxas grossulariata

Dieser Schmetterling ist nicht besonders scheu. Er fliegt tagsüber zwar nicht, versteckt sich aber auch nicht, sondern sitzt einfach auf einer Pflanze, ohne besonders gut getarnt zu sein. Gerne wärmt er sich in der Sonne.

- Familie: Spanner
- Unterfamilie: Ennominae
- nachtaktiv
- Spannweite: 3,5 cm bis 4,5 cm

Nimmersatt

Die Raupe, die genauso gefärbt ist wie der Schmetterling, kann im Garten schlimme Schäden anrichten, wenn sie sämtliche Blätter der Johannisbeer- und Stachelbeersträucher abfrisst. Vor allem im Frühjahr hat sie großen Appetit.

Nachtleben

Erst nach Sonnenuntergang kannst du den Stachelbeerspanner fliegen sehen. Auffällig sind vor allem die Männchen, die sich auf die Suche nach den weniger bewegungsfreudigen Weibchen machen. Gegen 2 oder 3 Uhr morgens hören sie zu fliegen auf. Paarungen finden selten vor 10 Uhr abends statt und können bis zum Morgen dauern.

J F M A M J J A S O N D

- Waldränder, Hecken, Brachland, Gärten
- Flachland und niedrige Berge

Rostfarbiger Dickkopffalter

Ochlodes sylvanus

Dieser Sommerschmetterling liebt Licht und Sonne, mag Hitze aber nicht besonders. Vor der trockenen Mittagshitze flüchtet er sich in den frischen bis feuchten Schatten der Pflanzen. Im Mittelmeerraum lebt er in der Nähe kleiner Gewässer.

Raupe

- Familie: Dickkopffalter
- Unterfamilie: Hesperiinae
- tagaktiv
- Spannweite: 3 cm

Unkomplizierte Raupe

Sie lebt von zahlreichen Gräserarten, versteckt sich in einem eingerollten Blatt und überwintert in einer großen Tasche aus Grashalmen, die sie mit Seidenfäden zusammenklebt. Ihr schwarzer Kopf hebt sich stark vom hellgrünen Körper ab.

Männchen

Er fliegt sehr schnell und oft nur knapp über dem Boden. Du findest ihn auf den Blüten der Brombeeren oder in Ruhestellung auf den Blättern dieser Sträucher.

Nicht verwechseln!

Die Männchen des Rostfarbigen Dickkopffalters und des Komma-Dickkopffalters sind einander von oben gesehen ähnlich, unterscheiden sich aber an der Unterseite: Beim Rostfarbigen Dickkopffalter ist sie gelbgrün mit verschwommenen, blassen Flecken, bei seinem Cousin dagegen grünlich mit vielen weißen Fleckchen.

Komma-Dickkopffalter

J F M A M J J A S O N D

- Waldränder, Hecken, Wiesen, Brachland mit Gras
- Flachland und Berge

Eichenspinner

Lasiocampa quercus

Das Männchen ist wesentlich kleiner als das Weibchen und fliegt sowohl tags als auch nachts. Mit etwas Erfahrung erkennt man es an seinem Zickzackflug in Bodennähe. Das Weibchen ruht tagsüber und fliegt abends oder nachts ungeschickt und nicht sehr weit.

Raupe

Die Raupe

In den kalten Regionen Nordeuropas reicht ein Jahr für die Entwicklung der Raupe nicht aus. Deshalb überwintert sie zweimal und wird erst danach zum Schmetterling.

- Familie: Glucken
- Unterfamilie: Lasiocampinae
- tag- und nachtaktiv
- Spannweite: 4,5 cm bis 7,5 cm

Männchen

Nicht verwechseln!

Große Ähnlichkeit besteht zwischen dem Eichenspinner und dem Kleespinner. Letzterer ist aber einheitlicher braun gefärbt und sein kurviger Querstreifen fehlt manchmal.

Kleespinner

Nachlässige Mutter

Das Weibchen macht sich um die Zukunft des Nachwuchses wenig Sorgen: Es setzt die Eier im Flug an Orten ab, an denen als Raupenfutter geeignete Pflanzen wachsen, wie etwa Eichen, Weißdorn, Weiden, Brombeeren, Ginster.

J F M A M J J A S O N D

- Wälder, Hecken, Heide, Dünen, Sümpfe
- Flachland und Berge

Mehlzünsler

Pyralis farinalis

Neben den Motten ist der Mehlzünsler einer der wenigen Schmetterlinge, die man auch im Haus antreffen kann. Mitunter taucht er sogar in abgeschlossenen Räumen auf, in die die Raupe vor der Metamorphose gelangte.

Raupe

Die Raupe

Sie lebt in einem langen Seidenschlauch mit wenigen Zentimetern Durchmesser, der manchmal auch verzweigt ist. In diesem Schlauch arbeitet sie sich durch Lebensmittel hindurch.

- Familie: Zünsler
- Unterfamilie: Pyralinae
- nachtaktiv
- Spannweite: 2 cm

Pass gut auf!

Wenn es Zeit wird, sich einen Kokon zu spinnen und sich in eine Puppe zu verwandeln, entfernt sich die Raupe von dem Ort, an dem sie gefressen hat. Vielleicht siehst du sie an Möbeln oder an der Wand klettern. Spätestens jetzt solltest du die Vorräte an Mehl, Getreide, Kuchen und Keksen, Trockenfrüchten und Brot im Haus kontrollieren und die Raupeninvasion stoppen, bevor der Schaden noch schlimmer wird!

J F M A M J J A S O N D

- Häuser, Lagerräume
- Flachland und Berge

Kohleule

Mamestra brassicae

In warmen, windstillen Sommernächten kann man sie im Garten rasch von Blüte zu Blüte fliegen sehen. Tagsüber ruht dieser Schmetterling mit zusammengefalteten Flügeln und angelegten Fühlern in windgeschützten Eckchen.

Gemüseeule

Eng verwandt

Die Gemüseeule gehört der gleichen Familie an. Die Flügel sind rotbraun mit einheitlicherem Grund und ovalen Flecken.

- Familie: Eulenfalter
- Unterfamilie: Noctuinae
- nachtaktiv
- Spannweite: 4 cm

Raupe

Eine sehr gefräßige Raupe

Sie verschont weder Kohl und anderes Gemüse noch Zierpflanzen wie Chrysanthemen oder Nelken. Man sieht sie nur selten, denn tagsüber versteckt sie sich am Boden oder in der Erde und nachts frisst sie sich in den Pflanzen von innen nach außen.

Schon gewusst?

Da sich dieser Schmetterling von Gewächshauspflanzen ernährt, kann man ihm das ganze Jahr über begegnen, vor allem aber von der Mitte des Frühlings bis Herbst, mit Höhepunkten im Juni/Juli und September.

J F M A M J J A S O N D

- Brachland, Felder, Gärten
- Flachland und Berge

Achateule

Phlogophora meticulosa

Mit ihrer Gestalt sieht sie eher wie ein Stückchen einer Pflanze aus als wie ein Schmetterling. Sie fliegt nur nachts, aber man kann sie tagsüber auf einer Mauer, einem Baum oder einer Pflanze ruhen sehen – am ehesten im Frühling und im Herbst.

Grün oder rot?

Die Raupen sind vor allem grün, aber es gibt auch rotbraune. Die dunklen Flecken auf dem Rücken haben die Form eines V. Tagsüber verstecken sie sich am Boden unter niedrigen Pflanzen.

- Familie: Eulenfalter
- Unterfamilie: Noctuidae
- nachtaktiv
- Spannweite: 4 cm

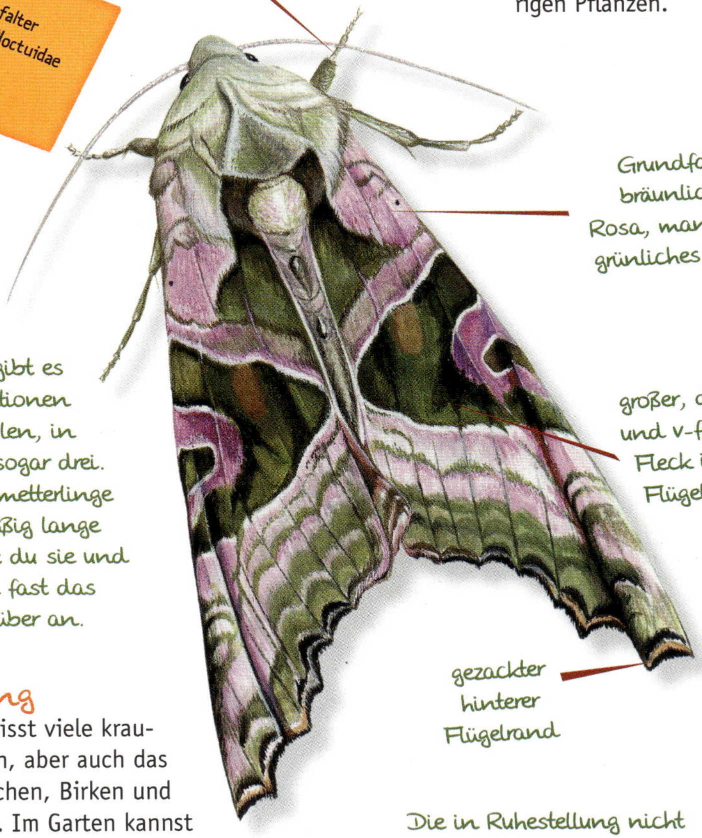

Jedes Jahr gibt es zwei Generationen von Achateulen, in Südeuropa sogar drei. Da die Schmetterlinge verhältnismäßig lange leben, triffst du sie und ihre Raupen fast das ganze Jahr über an.

Ernährung

Die Raupe frisst viele krautige Pflanzen, aber auch das Laub von Eichen, Birken und Brombeeren. Im Garten kannst du sie an Rosen, Veilchen und Zinerarien finden.

Die in Ruhestellung nicht sichtbaren Hinterflügel sind fast einheitlich bräunlich weiß.

J F M A M J J A S O N D

- Waldränder, Hecken, Brachland, Felder, Gärten
- Flachland und Berge

Gammaeule

Autographa gamma

Die Gammaeule ist in der Dämmerung und nachts aktiv, aber man kann sie vor allem im Herbst auch tagsüber von Blüte zu Blüte fliegen sehen. Auf ihren Wanderungen legt sie mehrere Hundert Kilometer zurück.

Raupe

- Familie: Eulenfalter
- Unterfamilie: Plusiinae
- tag-, nacht- und dämmerungsaktiv
- Spannweite: 3,5 cm

Ein Schädling?

Die Raupe ist sehr gefräßig und ernährt sich von vielen Wildpflanzen, kann aber auch schwere Schäden an Nutzpflanzen anrichten. Deshalb sehen viele sie als Schädling an.

Die Gammaeule ist ein Schmetterling aus dem Süden, der jeden Sommer vom Mittelmeerraum nach Norden fliegt. Ein Teil der bei uns geborenen Schmetterlinge zieht im Herbst in den Süden, die anderen überleben den Frost nicht.

Nicht verwechseln!

Die Eulenfalter ähneln einander sehr. In Gärten ist die Kohleule ebenso häufig zu Gast wie die Gammaeule. Doch die Kohleule (siehe S. 50) ist dunkler, hat keine Auswüchse und die weißen Flecken auf den Flügeln sind anders geformt.

J F M A M J J A S O N D

- Pflanzungen, Brachland, Gärten
- Flachland und Berge

Ligusterschwärmer

Sphinx ligustri

Raupe

Der ursprünglich in Wäldern heimische Schmetterling hat die Gärten der Städte und Dörfer für sich entdeckt. Tagsüber ruht er bewegungslos auf einer Mauer oder einem Baumstamm. Kurz vor Sonnenuntergang kann man ihn davonfliegen sehen.

- Familie: Schwärmer
- Unterfamilie: Sphinginae
- dämmerungs- und nachtaktiv
- Spannweite: 10 cm

Die Raupe

Sie lebt vor allem auf Liguster. Wenn sie in deinem Garten Schaden anrichtet, dann setze sie auf wild wachsenden Liguster, damit sie sich in aller Ruhe weiterentwickeln kann.

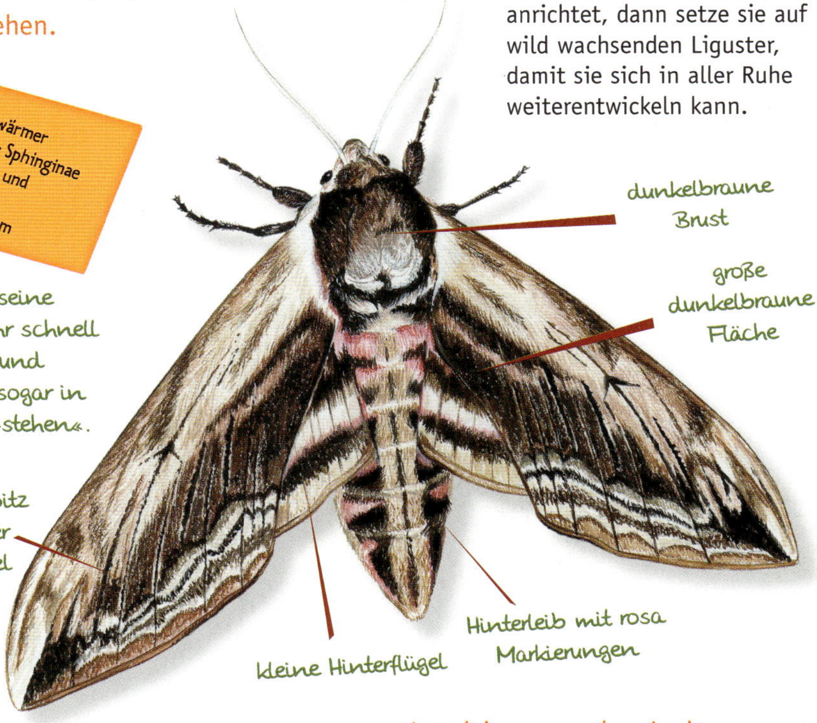

Das Erwachen des Schwärmers

Der Ligusterschwärmer ist ein Nachtschmetterling. Wenn es dunkel wird, beginnen sich seine Fühler zu bewegen. Dann spreizt er leicht die Flügel und lässt sie zittern. Die steif gewordenen Muskeln erwärmen sich allmählich. Wenn sie die richtige Temperatur erreicht haben, fliegt er ganz plötzlich los.

Nicht verwechseln!

Der Windenschwärmer ist ebenso groß und kann auf dem Hinterleib auch rosafarbene Flecken haben. Doch auf seinen Flügeln sind zahlreiche schwach umrissene Flecken und seine Brust ist heller.

Windenschwärmer

J F M A M J J A S O N D

- Wälder, Waldränder, Hecken, Parks und Gärten
- Flachland

Kleines Nachtpfauenauge

Saturnia pavonia

Während das Weibchen scheu und nachtaktiv ist, fliegt das kleine Männchen auch tagsüber. Wenn die Sonne scheint, kann man es in geringer Höhe fliegen sehen. Dabei wechselt es ständig die Richtung und beschreibt Kreise und Arabesken.

Großes Nachtpfauenauge

Ein Cousin

Das Große Nachtpfauenauge ist größer als sein kleiner Cousin. Seine Spannweite beträgt 10 bis 13 cm.

- Familie: Pfauenspinner
- Unterfamilie: Saturniiae
- tag- und nachtaktiv
- Spannweite: 4 cm bis 6,5 cm

Männchen

Die Grundfarbe beim Männchen ist Braunrot und beim Weibchen Grau.

Die Fühler sind hochempfindliche Geruchsorgane. Die Männchen nehmen damit Duftstoffe (Pheromone) der Weibchen wahr, die sich kilometerweit ausbreiten.

Schon gewusst?

Das Weibchen legt seine Eier rings um Zweige von Pflanzen ab, die den Raupen schmecken werden: Erika, Brombeere, Schlehe, Weißdorn, Weide, Birke ...

Typisch für den Kokon sind je ein rundes und ein spitz zulaufendes Ende.

Kokon

Die beim Schlüpfen schwärzlichen Raupen werden später grün und sind so gut zwischen den Blättern getarnt.

Raupe

J F M A M J J A S O N D

- Lichtungen, Waldränder, Heide, Brachland
- Flachland und Berge

Untypische Umrisse

- Pfaffenhütchen-Gespinstmotte
- Federgeistchen
- Taubenschwänzchen
- Grauleib-Flechtenbärchen
- Hornissenschwärmer
- Kupferglucke

Pfaffenhütchen-Gespinstmotte

Yponomeuta cagnagella

Diese kleinen Schmetterlinge sind vor allem tagsüber eher scheu, doch manchmal sitzen sie in großen Gruppen auf Pfaffenhütchen, den Futterpflanzen der Raupen. Das Schlüpfen ist eine Massenveranstaltung, denn die Raupen leben gesellig in Gespinsten (Seidentaschen) an den Zweigen des Strauchs.

Raup

Die Faulbaum-Gespinstmotte ähnelt ihrer Verwandten sehr, erreicht aber nicht mehr als 1,8 cm Spannweite.

- Familie: Gespinst- und Knospenmotten
- Unterfamilie: Yponomeutinae
- nachtaktiv
- Spannweite: 2,5 cm

Das Weibchen legt die Eier im Sommer ab. Die Raupen wären einige Wochen später zum Schlüpfen bereit, verlassen das Ei jedoch erst im Frühjahr, wenn die neuen Blätter ausgetrieben haben. Der von den Raupen gemeinsam gesponnene Seidenschleier schützt sie vor Fressfeinden und sogar vor Insektengiften.

Gespinst

Schon gewusst?

In manchen Jahren sind die Raupen so zahlreich, dass sie die Pfaffenhütchen kahl fressen. Doch gegen Ende des Frühlings, nach der Metamorphose der Raupen, wachsen neue Blätter.

J F M A M J J A S O N D

- Auf Pfaffenhütchen-Sträuchern
- Flachland

Federgeistchen

Pterophorus pentadactylus

Für einen Schmetterling sieht er sehr ungewöhnlich aus. Sein deutscher Name beschreibt ihn treffend, denn seine in mehrere schmale »Finger« gegliederten Flügel (zwei am Vorder- und drei am Hinterflügel) sehen geisterhaft zart aus, als bestünden sie aus Federn. Untypisch für einen Schmetterling ist auch die Ruhestellung tagsüber: Er faltet die »Finger« zusammen und spreizt die Flügel, sodass es wie ein T aussieht.

- Familie: Federmotten
- Unterfamilie: Pterophorinae
- dämmerungsaktiv
- Spannweite: 3 cm

Die Raupe bekommt man kaum zu sehen, denn sie versteckt sich in einem zusammengerollten Blatt.

Raupe

Unglaublich, aber wahr

Bei manchen Arten von Federgeistchen sondern die Borsten der Raupen eine klebrige Substanz ab, die den Körper bedeckt. Dies ist ein wirksamer Schutz gegen kleine parasitische Wespen, die ihre Eier im Körper der Raupen ablegen wollen!

Taubenschwänzchen

Macroglossum stellatarum

Obwohl man es zu den Nachtschmetterlingen zählt, fliegt das Taubenschwänzchen oft in den wärmsten und sonnigsten Stunden des Tages. Aber auch in der Dämmerung kann man es die Blüten besuchen sehen.

Hummelschwärm

- Familie: Schwärmer
- Unterfamilie: Macroglossinae
- tagaktiv
- Spannweite: 5 cm

Ein Verwandter

Der Hummelschwärmer unterscheidet sich vom Taubenschwänzchen durch seinen gelben Körper mit dunklem Band und durch die durchsichtigen, rot gesäumten Flügel.

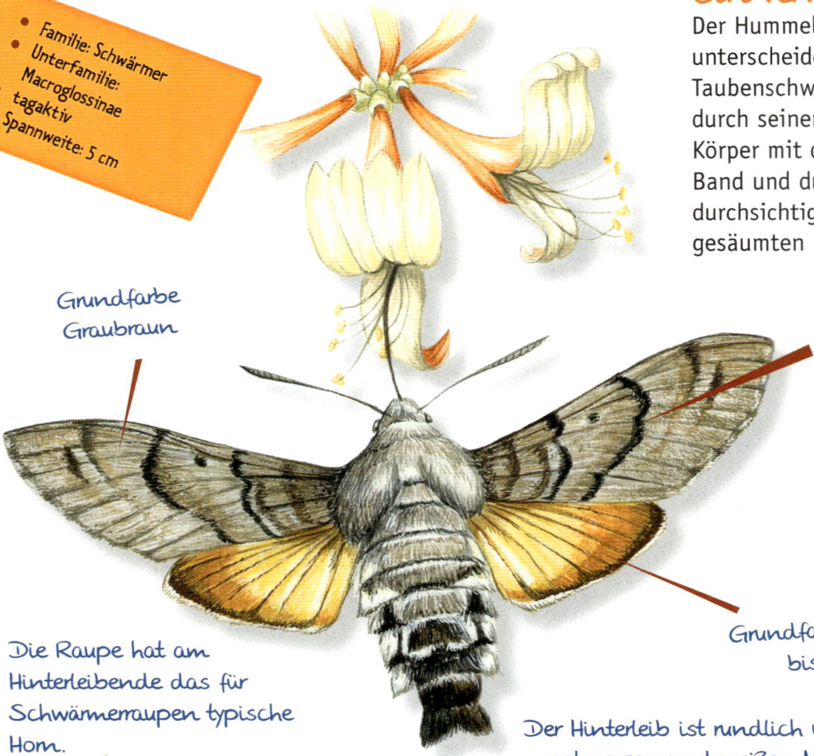

Die Raupe hat am Hinterleibende das für Schwärmerraupen typische Horn.

Raupe

Ein Akrobat

Mit seinen kurzen Flügeln, die es so schnell bewegt, dass man nur noch ein Schwirren wahrnimmt, vollbringt das Taubenschwänzchen in der Luft wahre Kunststücke: Es setzt sich niemals auf die Blüten, sondern »steht« vor ihnen in der Luft und saugt den Nektar mit seinem langen Rüssel. Es kann auch ganz plötzlich im Flug die Richtung ändern und sogar rückwärtsfliegen.

J F M A M J J A S O N D

- Wiesen, Brachland, Wegränder, Gärten
- Flachland und Berge

Grauleib-Flechtenbärchen

Eilema lurideola

Tagsüber sitzt dieser Schmetterling reglos auf Pflanzen, einem Pfosten oder einer Gartenmauer. Er fliegt nachts und lässt sich dann auch oft von Licht anlocken.

- Familie: Bärenspinner
- Unterfamilie: Lithosiinae
- nachtaktiv
- Spannweite: 4 cm

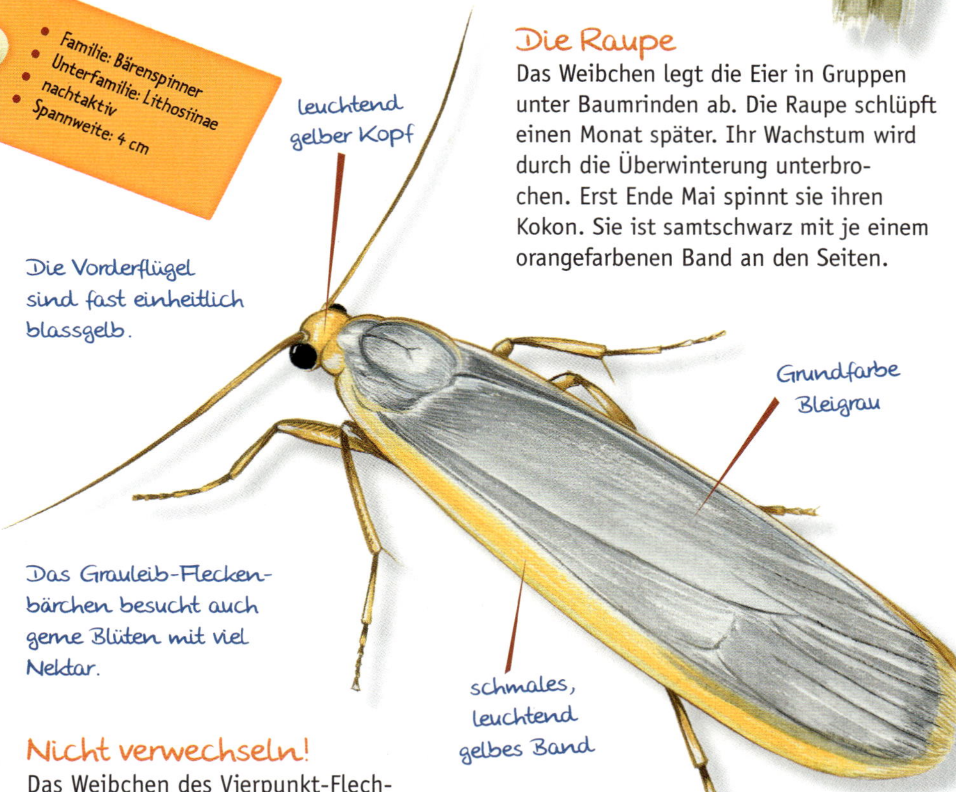

Die Raupe

Das Weibchen legt die Eier in Gruppen unter Baumrinden ab. Die Raupe schlüpft einen Monat später. Ihr Wachstum wird durch die Überwinterung unterbrochen. Erst Ende Mai spinnt sie ihren Kokon. Sie ist samtschwarz mit je einem orangefarbenen Band an den Seiten.

Nicht verwechseln!

Das Weibchen des Vierpunkt-Flechtenbärchens ist durch die gelben, mit zwei schwarzen Punkten verzierten Flügel erkennbar. Markenzeichen des Männchens ist die gelbe Brust.

Vierpunkt-Flechtenbärchen (Weibchen)

Wo findet man ihn?

Weil sich die Raupe von Flechten ernährt, siehst du diesen Schmetterling am ehesten dort, wo Bäume wachsen: in Wäldern und an Hecken, aber auch in Parks und in alten Gärten.

J F M A M J J A S O N D

- Wälder, Hecken, Obstgärten, Parks
- Flachland und Berge

Hornissenschwärmer

Sesia apiformis

Puppenhülle

Um diesen untypischen Schmetterling zu Gesicht zu bekommen, kann man zu Beginn des Frühsommers die Stämme und das Laub von Pappeln untersuchen, die Morgensonne abbekommen. Nachmittags fliegen vor allem Weibchen auf der Suche nach geeigneten Orten für die Eiablage herum.

Die Puppenhülle

Mehrere Arten von Glasflüglerraupen leben im Holz von Bäumen und Sträuchern versteckt. Du kannst Ausschau nach den leeren Puppenhüllen halten, die die erwachsenen Glasflügler nach der letzten Verwandlung zurückließen. Sie ragen zur Hälfte aus einem rindenlosen Stamm heraus.

- Familie: Glasflügler
- Unterfamilie: Sesiinae
- tagaktiv
- Spannweite: 3,5 cm

Eine falsche Wespe

Zu seinem Schutz sieht der Hornissenschwärmer mit seinen schmalen, durchsichtigen Flügeln und dem gelben, geringelten Leib wie eine Wespe oder Hornisse aus. Aus Angst, gestochen zu werden, machen Vögel lieber einen großen Bogen um ihn.

Johannisbeer-Glasflügler

Ein Cousin

Der schwarze Körper des Johannisbeer-Glasflüglers h feine gelbe Ringe und seine Flügelenden sind von bräun chen Schuppen bedeckt.

J F M A M J J A S O N D

- Wälder, Pappelhaine und -alleen
- Flachland und niedrige Berge

Kupferglucke

Gastropacha quercifolia

Das Weibchen ist wesentlich größer als das Männchen, sehr schwer und fliegt selten. Wegen seiner Ähnlichkeit mit einem welken Blatt ist es nur schwer zu entdecken. Das Männchen fliegt geschickter und begibt sich in der Abenddämmerung auf die Suche nach einem Weibchen. Beide Geschlechter werden vom Licht angelockt.

Raupe

Die Raupe

Die Raupe lebt auf Weißdorn, Braunellen und Weiden, aber auch auf Apfel- und Birnbäumen. Sie ist braun und behaart, mit zwei blauen Streifen im Brustbereich, die sie einziehen oder ausstülpen kann.

- Familie: Glucken
- Unterfamilie: Lasiocampinae
- nachtaktiv
- Spannweite: 6 cm bis 8 cm

Im Süden Europas ist das Braun der Flügel und des Körpers wesentlich blasser.

Männchen

Im Juli begegnet man der Kupferglucke am ehesten.

Tier oder Pflanze?

In Ruhestellung streckt dieser Schmetterling mit dem samtigen, einheitlich braunen Körper die Vorderflügel senkrecht nach oben und die Hinterflügel waagerecht aus. In dieser Stellung sieht er wie ein abgestorbenes Eichenblatt aus.

Das Weibchen ist etwas heller als das Männchen!

J F M A M J J A S O N D

- Wälder, Hecken, Brachland, Obstgärten
- Flachland und niedrige Berge

Register

cbj

cbj ist der Kinder- und Jugendbuchverlag
in der Verlagsgruppe Random House

FSC
www.fsc.org
MIX
Aus verantwortungs-
vollen Quellen
FSC® C015529

Verlagsgruppe Random House FSC-DEU-0100
Das für dieses Buch verwendete FSC®-zertifizierte
Papier *Furioso* liefert Sappi, Biberist, Schweiz.

Gesetzt nach den Regeln der Rechtschreibreform

1. Auflage 2011

Die französische Originalausgabe erschien 2008
unter dem Titel
»Mes guides nature. Les papillons«
bei Éditions Milan – 300, rue Léon-Joulin,
31101 Toulouse Cedex 9, France.
Übersetzung: Cornelia Panzacchi
Lektorat: Kerstin Weber
Umschlagkonzeption: init.büro für gestaltung, Bielefeld
Umschlagabbildung: iStockphoto/OGphoto
Innenillustrationen: Anne Eydoux
SaS · Herstellung: Antonia Gohl
Satz: Buch-Werkstatt GmbH, Bad Aibling
Reproduktion: Wahl Media GmbH, München
Druck: G.Canale & C. S.p.A.,
Borgaro Torinese
ISBN 978-3-570-15260-7

Printed in Italy

www.cbj-verlag.de